LE JARDIN FOULARD.

DEUXIÈME NOTE

SUR

L'HORTICULTURE DANS LE DÉPARTEMENT DE LA SARTHE

PAR

ED. GUÉRANGER,

Membre de plusieurs Sociétés d'Agriculture et d'Horticulture, etc.

NANTES
IMPRIMERIE VINCENT FOREST ET ÉMILE GRIMAUD,
PLACE DU COMMERCE, 1.

1865.

LE
JARDIN FOULARD.

DEUXIÈME NOTE

SUR

L'HORTICULTURE DANS LE DÉPARTEMENT DE LA SARTHE

PAR

ED. GUÉRANGER,

Membre de plusieurs Sociétés d'Agriculture et d'Horticulture, etc.

NANTES
IMPRIMERIE VINCENT FOREST ET ÉMILE GRIMAUD,
PLACE DU COMMERCE, 1.

1865.

LE JARDIN FOULARD.

M. Jacques Foulard fut, pendant quarante ans le vrai type de l'amateur en horticulture. Je désire que cette Note, consacrée au souvenir de mes rapports avec cet homme bon, obligeant et si habile dans la culture des végétaux, soit encore un hommage rendu à sa mémoire. Malgré les sentiments profonds que je conserve pour les qualités éminentes de M. Foulard, je dois laisser à des amis plus intimes le soin d'écrire les détails biographiques qui concernent l'Homme, m'occupant ici uniquement du Jardin et des observations que j'ai pu faire dans une collection aussi riche que variée et constamment entretenue avec une intelligence des plus remarquables.

Le jardin de M. Foulard, situé au Mans, place Saint-Germain, se composait de deux parties : le jardin haut, plus spécialement consacré à la culture des végétaux herbacés, et le jardin bas, renfermant les massifs de terre de bruyère, les arbres et arbustes d'agrément, les plantes vivaces, les arbres fruitiers et enfin les légumes. Pour le dessin, rien de plus ordinaire : allées droites, plates-bandes et planches.

Aussi, à première vue, cette culture paraissait-elle d'une grande simplicité; mais de quelque côté que se dirigeât le visiteur, il ne tardait pas à apercevoir çà et là les végétaux les plus dignes de son intérêt. Dire combien j'ai passé d'heures dans ce musée vivant, fixer le nombre et la longueur des promenades charmantes et profitables que j'y ai faites en société de cet aimable et savant praticien, serait chose impossible. Peut-être serait-il plus difficile encore de dresser aujourd'hui une liste tant soit peu exacte de tant d'espèces et variétés végétales réunies dans un espace relativement aussi resserré. Le catalogue posthume rédigé par plusieurs de ses amis et auquel j'ai donné ma part de collaboration est bien loin d'être complet. Entrepris l'hiver pour les besoins d'une vente, il ne pouvait comprendre les végétaux nombreux qui passent sous terre cette époque de l'année; en outre, un grand nombre d'autres espèces ont dû nous échapper. Quelque considérables que soient les lacunes, ce petit document donne néanmoins une idée du personnel végétal qui trouvait asile dans cette demeure. J'y renvoie le lecteur qui désirerait plus de détails que n'en comporte cet article, dans lequel je me borne à esquisser à grands traits les principaux caractères d'une culture à jamais regrettable.

Plantes de Serre.

La serre, construite avec une grande économie, était beaucoup trop petite pour le nombre des plantes qui s'y trouvaient entassées. Les moins frileuses étaient reléguées dans un appartement servant autrefois d'écurie et dans deux chambres froides où des soins de toute sorte suppléaient à l'insuffisance d'air, de lumière et de chaleur. Le système de chauffage, copié sur les anciennes pratiques, était ingénieux et peut-être aussi efficace que le moderne thermosiphon. Le fourneau s'ouvrait dans une chambre contiguë, une de celles servant de serre froide; la fumée circulait dans l'intérieur d'un mur élevé à hauteur d'appui, circonscrivant dans la serre un espace ovalaire occupant la majeure partie de son étendue; une cheminée d'appel construite dans la chambre froide servait à régler le tirage. L'espace ovalaire était rempli de tannée destinée aux plantes les plus délicates. Je n'entreprendrai pas le dénombrement des végétaux de serre chaude et de serre tempérée qui vivaient pêle-mêle sous ce toit hospitalier à l'abri des rigueurs de notre climat. Le nombre en était grand, et, malgré la confusion qui en était la conséquence nécessaire, le connaisseur trouvait à s'y intéresser pendant de longues heures. On y voyait de vieilles plantes, devenues rares dans les collections actuelles, ayant pris des proportions inaccoutumées, des plantes ordinaires et des nouveautés. Effrayé par le chemin que j'ai à parcourir et craignant de fatiguer dès les premiers pas les amateurs qui me font la grâce de m'accompagner, je me bornerai à décrire quelques espèces hors ligne soit par leur rareté, soit par leur degré de développement.

Cereus grandiflorus. Cette magnifique Cactée, mise en pleine terre près du fourneau, s'était allongée et ramifiée de façon à occuper une partie du toit vitré sous lequel on l'avait palissée. Chaque année elle se couvrait de fleurs. Alors la serre était embaumée par l'odeur de vanille que répandent ces larges corolles, dont l'ornementation se trouve si élégamment complétée par le faisceau d'étamines qu'elles portent à leur centre. On a compté jusqu'à trente fleurs à la fois sur cette belle plante.

Cereus grandiflorus-Meynardi. Sujet fort, cultivé en pot et palissé sur un treillage circulaire. Chaque année il donnait des fleurs, mais moins abondamment que le précédent.

Cereus monstruoso-peruvianus. Cette variété bizarre, prise longtemps pour une espèce particulière, était représentée dans les cultures de M. Foulard par un spécimen des plus intéressants en ce qu'il permettait de lever toutes les difficultés relatives à la validité de l'espèce. En effet, sur un point de cette végétation monstrueuse et rabougrie s'élevait naturellement une tige droite parfaitement conformée de *Cereus-Peruvianus*, laquelle atteignait près d'un mètre de hauteur, sans aucune apparence de nodosité.

Agave Americana-foliis-aureis-viridi-marginatis. Plante très ornementale, que M. Foulard estimait beaucoup et qu'il prétendait fort rare.

Bonapartea gracilis, Dasylirium gracile (*mâle*). Le port de cette plante est fort élégant, néanmoins ce n'est pas par ce côté qu'elle nous offre ici le plus d'intérêt. L'exemplaire dont il est question dans cette Note a fleuri au Mans en **1851**, en même temps que fleurissaient en Belgique deux autres sujets dans les jardins de M. Van Houtte. Ceux-ci étaient *femelles*, tandis que celui de M. Foulard était *mâle*. Ce fait a été révélé seulement par la floraison, attendu que les caractères des autres organes ne sont pas suffisants pour la distinction des sexes. Les végétaux de ce genre fleurissent très rarement dans nos cultures et le plus souvent ils périssent après avoir accompli cette fonction. Aussi, pendant plusieurs mois, a-t-on craint de payer chèrement le plaisir d'avoir vu cette belle plante compléter son ornementation par le développement d'une hampe mesurant deux mètres trente centimètres de hauteur et une envergure proportionnée. Heureusement elle survécut ; au printemps suivant, tandis que les feuilles inférieures se fanaient, une nouvelle pousse se déclara au centre, tout à côté de la tige qui s'était desséchée. Bien plus, plusieurs bourgeons latéraux partant du collet de la racine permirent une multiplication qui avant ce moment avait été impossible. Ces jeunes sujets forment aujourd'hui de fort belles plantes. Nous invitons l'amateur qui désirerait des renseignements plus détaillés, à consulter la description que nous avons faite sur le vivant et qui a été publiée alors dans le *Bulletin* de la Société d'Agriculture, Sciences et Arts de la Sarthe.

Euphorbia. Plusieurs espèces de cette curieuse famille se distinguaient dans la collection par une taille et une santé des plus remarquables.

J'ai vu passer dans la serre qui nous occupe plusieurs plantes précieuses provenant de l'ancienne collection de M. de Claircigny, particulièrement un magnifique palmier du genre *Sabal*, dont l'espèce, paraît-il, n'était pas déterminée dans la science. Ces végétaux ont été échangés pour faire place à d'autres moins volumineux.

J'arrête ici mes citations concernant la serre afin de réserver aux plantes de plein air un espace plus en rapport avec leur importance numérique. Je mentionnerai seulement comme mode de culture particulier un magnifique *Cobæa scandens-foliis-variegatis* planté au pied de la serre, introduit chaque hiver par un carreau et couché sur une tablette derrière les plantes en pot. Là, il conservait toutes ses feuilles et, au printemps, on le sortait pour en faire de superbes guirlandes au moyen de supports convenablement établis. Au dehors le pied était protégé par une couverture de fumier.

Plantes de plein air.

LES BORDURES.

Les bordures occupent une grande place dans l'ornementation générale des jardins. Chez M. Foulard, les plantes destinées à cet usage étaient nombreuses; je les signale sans ordre à mesure qu'elles se présentent à ma mémoire, négligeant avec intention les plus vulgaires.

Oxalis violacea. Le genre Oxalis fournit plusieurs espèces propres aux bordures; celle-ci, très vivace, se multiplie beaucoup, et si les fleurs n'ont pas un grand éclat, les feuilles, toujours abondantes, donnent des bordures bien fournies.

Je profite de l'occasion pour recommander aux amateurs l'*Oxalis acetosella*, petite plante indigène qui se plaît dans les lieux ombragés, poussant au milieu d'un feuillage élégant des fleurs charmantes et très printanières.

Spiræa decumbens. Cet arbuste nain, avec ses petits corymbes de fleurs blanches, forme des bordures qui seraient encore plus élégantes si elles étaient plus garnies de verdure.

Æthionema coridifolium. Pour obtenir beaucoup d'effet de cette petite crucifère frutescente, il faut la renouveler souvent de semis et la planter très serrée; sans cette précaution, elle se dégarnit aisément. Elle pousse peu sur la vieille souche et supporte difficilement la taille. En revanche, elle graine beaucoup et ses semences lèvent facilement.

Aubrietia deltoidea. Autre crucifère qui se couvre au printemps de fleurs violettes. Les bordures qu'elle donne sont bien fournies, mais elles sont sujettes à s'étaler d'une manière démesurée et à envahir la plate-bande.

DIANTHUS. Parmi les *Dianthus* qui sont propres aux bordures, j'ai remarqué chez M. Foulard une espèce naine, à feuilles gazonnantes, se couvrant l'été de petites fleurs purpurines d'un effet charmant. J'ai perdu le nom de cette jolie Caryophyllée.

ARENARIA BALEARICA. Les bordures faites avec cette petite plante ne produisent tout leur effet qu'à la condition de n'encadrer que des plates-bandes destinées à la culture des végétaux à basse tige. Les rubans de velours vert émaillé de petites étoiles blanches, tissés par ces plantes en miniature, ne doivent pas être masqués ni même interrompus, sans quoi le coup d'œil y perd beaucoup en agrément.

IRIS PUMILA. On fait avec cette Iridée des bordures fort jolies, surtout si l'on prend la peine de bien mélanger les couleurs. Une autre précaution à prendre, c'est de veiller à ce que les tiges souterraines qui végètent dans tous les sens ne fassent pas perdre l'alignement par un envahissement indiscret. Après la floraison, qui a lieu d'assez bonne heure, les feuilles, qui sont persistantes, continuent la décoration.

Les bordures de *Sisyrinchium* sont aussi d'un très-bon effet.

GRAMINÉES VIVACES. Le *Festuca glauca,* le *Festuca ovina,* le *Stipa pennata* forment des bordures solides et permanentes qui ne réclament d'autres soins que d'être diminuées quand elles sont devenues trop épaisses. La dernière de ces plantes porte sur chaque graine une aigrette longue et plumeuse dont la réunion produit des panaches d'une grande légèreté et d'une grande élégance. M. Foulard en récoltait chaque année de quoi décorer plusieurs vases de salon.

Graminées annuelles. M. Foulard obtenait encore des bordures gracieuses en alternant les espèces suivantes : ***Agrostis pulchella, Agrostis umbrosa, Briza maxima, Briza minor, Lagurus ovatus.*** Ces graminées peuvent se semer à l'automne, en les préservant des grands froids au moyen d'abris convenables ; on met alors en place dès le mois de mars. Ces végétaux supportent très bien la transplantation ; mais on peut aussi ne semer qu'au printemps, en place. Les panicules légers des Agrostis forment aussi d'assez jolis bouquets d'hiver, dont on peut rehausser la coquetterie par un artifice bien simple. On mouille ces panicules avec de l'eau légèrement gommée, puis on les saupoudre avec des couleurs pulvérulentes telles que vermillon, blanc d'argent, jaune de chrôme, bleu d'azur, etc. Laissons les jeunes filles préparer ces parures avec l'adresse et le goût qui les distinguent et retournons au jardin.

Hederæ. Autrefois on ne trouvait le Lierre que sur les édifices en ruine, dans les bois et dans les cultures négligées. Aujourd'hui il est de mode de le faire grimper sur les arbres qu'il étouffe et contre les murailles qu'il détériore. En échange de ces petits inconvénients, on prétend obtenir des effets plus ou moins pittoresques. Quant à moi, si j'avais à exprimer ma pensée, je dirais franchement qu'un arbre me semble plus beau quand il est sain et vigoureux que quand il succombe sous les étreintes d'un parasite; de même qu'un mur garni de beaux espaliers sur lesquels se succèdent, suivant la saison, les feuilles, les fleurs et les fruits est tout aussi agréable à voir qu'un éternel tapis de sombre verdure. J'aime le lierre dans les forêts, sur les rochers et sur les vieilles masures; c'est là qu'il joue son rôle naturel qui est d'apporter aux paysages une décoration sévère; mais devrais-je passer pour un barbare, mon avis est qu'entre les quatre murs d'un jardin c'est bien assez pour le lierre d'être cultivé en bordure, et encore faut-il pour en obtenir un bon effet un grand terrain et de larges bordures. M. Foulard qui, en ce qui concerne l'horticulture, suivait le caprice du moment, avait introduit dans son jardin tous les lierres qu'il avait pu réunir. Sa collection se montait à dix-huit espèces ou variétés, remarquables les unes par la forme élégante de leur feuillage, les autres par la richesse de leur panachure. J'ai observé dans ces dernières des teintes souvent plus brillantes à l'époque de leur jeunesse qu'au moment où les feuilles ont acquis leur entier développement.

Hepatica triloba. Cette plante redoute les petits soins, mais quand on la laisse croître à sa guise elle forme des bordures bien fournies qui se couvrent de fleurs au printemps. J'ai souvent admiré chez M. Foulard de ces bordures où la couleur blanche et des nuances nombreuses de rose et de bleu produisaient un effet charmant. Les fleurs simples rivalisaient de beauté avec les fleurs doubles et les fleurs semi-doubles. Un grand nombre de ces belles variétés provenaient de semis faits par M. Foulard.

Nemophila. Le genre Némophile, avec ses fleurs si distinguées, produit en mélange des bordures délicieuses. C'est dans le jardin Foulard que j'ai vu, il y a une dizaine d'années, pour la première fois les Némophiles cultivées ainsi. On sème à l'automne ou au printemps. Dans le premier cas, il faut un abri si l'hiver est rigoureux; dans le second, on sème dès la fin de février. Il faut semer épais et avoir soin de bien mélanger les espèces. La plante ainsi serrée étant plus faible a besoin d'être soutenue par un petit treillage horizontal à très larges mailles. Ce petit appareil, composé de menus branchages et élevé à environ dix centimètres au-dessus du sol, ne tarde pas à être entièrement recouvert par la végétation. Au moment de la floraison on arrose abondamment, en prenant les plus grandes précautions pour ne pas mouiller les fleurs. Si la saison est favorable on obtient, par le moyen de ces petits soins, une bordure dont la fraîcheur se prolonge longtemps. En mêlant à la plante quelques graines de *Calandrinia umbellata*, cette Portulacée monte en même temps et ses fleurs roseviolet tranchent agréablement sur le blanc, le bleu, le violet et même le noir des Némophiles.

Les bordures d'*Armeria*, de ***Delphinium***, d'***Omphalodes***, de ***Clarkia***, de ***Collinsia***, de ***Linaria bipartita***, de ***Viscaria***, etc., etc., qui se trouvent dans tous les jardins d'agrément, n'étaient pas non plus négligées dans la culture dont je m'occupe dans cette Note, seulement elles ne m'ont fourni l'occasion d'aucune remarque particulière.

Décoration des Plates-bandes.

Le milieu des plates-bandes du haut-jardin était occupé par des plantes vivaces et par des arbustes d'agrément. Ceux-ci, soumis à une taille intelligente, présentaient des formes agréables et occupaient peu de terrain. Les plates-bandes du jardin bas étaient destinées plus particulièrement aux arbres fruitiers. Autour des arbres et des arbustes, on remarquait souvent des massifs de fleurs disposés en couronne. Les plantes destinées à ce genre d'ornementation étaient les suivantes : *Hepatica triloba*, *Scilla amœna*, *Scilla Italica*, *Scilla Siberica*, *Scilla bifolia*, *Crocus vernus*, *Galanthus nivalis fl. pl.*, *Muscari suaveolens*, *Muscari Botryoides*, *Iris persica*, *Fritillaria meleagris*, *Erytronium dens canis*, *Colchicum automnale fl. pl.*, *Colchicum variegatum*, *Amaryllis lutea*, *Amaryllis undulata*, etc. Ce genre de culture qui produit beaucoup d'effet n'est pas sans inconvénients. Les arbres dont le pied est ainsi décoré souffrent de cette parure. Parmi les plantes bulbeuses qui sont plus particulièrement destinées à cet usage, plusieurs sont voraces et disputent au chevelu superficiel de l'arbre une part de la nourriture qui ne devait profiter qu'à lui seul. A cet inconvénient il faut ajouter les mutilations qui résultent de l'arrachement des bulbes.

Le reste de la plate-bande était occupé par des *Scilles*, des *Narcisses* variés, un très beau choix de *Tulipes* de fantaisie, une collection intéressante et relativement nombreuse de *Fritillaria Imperialis*, des *Statices*, des *Giroflées* de choix, l'*OEillet des fleuristes*, l'*OEillet de Gardner*, l'*OEillet de Poète* double à nuance très-foncée, race fort remarquable obtenue de semis par les soins assidus de M. Foulard; enfin par un très grand nombre d'autres plantes annuelles ou vivaces.

Sur les plates-bandes du bas-jardin se trouvaient encore les grandes plantes à effet, telles que les *Ferula*, les *Rheum*, les *Sylibum*, les *Phlox*, les *Papaver bractatum* et *Orientale*, etc. Par le moyen de semis répétés, M. Foulard avait obtenu plusieurs races tranchées de *Papaver Orientale* différant surtout par la forme et la nuance des feuilles et du calice. Chacune de ces variétés avait reçu un nom et n'attendait pour se produire en public que la naissance d'une fleur double; or déjà une des variétés possédait quelques pétales supplémentaires. Aujourd'hui cette collection intéressante est dispersée, et une expérimentation qui avait demandé plusieurs années de soins et de patience va demeurer inachevée.

Planches.

La plupart des planches étaient réservées pour la culture des plantes de collection dont nous nous occuperons bientôt et pour celles des légumes ; néanmoins chaque année on en consacrait quelques-unes à certaines plantes d'ornement plus privilégiées que les autres.

Pensées. Une planche de pensées obtenues de semis renfermait quelques bonnes plantes tant parmi les masquées que parmi les bordées. De plus elle était enrichie de plusieurs beaux types achetés chez les meilleurs producteurs.

Pyrethrum Roseum. Cette plante qui depuis peu occupe l'attention des horticulteurs devait nécessairement trouver sa place dans le jardin de M. Foulard. Un semis fait par lui avait été mis en planche et dès la première année avait donné sur le nombre quelques plantes remarquables ; les sujets les plus paresseux n'avaient pas encore donné leur fleur. Si l'amateur qui a acheté cette collection continue à lui donner des soins, il sera certainement dédommagé de sa peine. Sûrement, comme dans tous les semis, il se trouvera un grand nombre de plantes communes qui devront être supprimées, mais il en restera de fort méritantes et par la nuance et par la forme et par la régularité de la fleur.

Brassica. Les Choux d'ornement : Choux frisés panachés, Choux frisés prolifères, occupaient chaque année une planche dans le jardin de M. Foulard. Il faut avoir vu cette plante vulgaire revêtue à l'automne de ses beaux atours pour se figurer l'élégance des frisures et la richesse des couleurs dont elle a le secret de se parer. On trouve dans ces peintures toutes les nuances depuis le blanc d'ivoire, en passant par le jaune jusqu'au pourpre foncé. Il est vraiment étonnant que cette décoration magnifique qui persiste longtemps et qui se montre à une époque de l'année où la pleine terre a perdu ses autres ornements ne soit pas plus recherchée des amateurs. Il est vrai que le préjugé est souvent plus fort que le bon jugement et que, aux yeux du grand nombre, un chou quelles que soient ses qualités brillantes ne sera jamais qu'un chou. Le monde est ainsi fait. Convenons du reste que le mal ne serait pas très-grand si cette légèreté ne s'appliquait qu'aux choux de nos jardins. Après avoir cueilli ce petit grain de philosophie sur le terrain de l'horticulture, revenons à nos choux, car j'ai encore à parler du Chou palmier. Quelques pieds de cette plante remarquable par son port élégant et sévère disséminés çà et là dans le jardin attirent infailliblement l'attention de ceux-là même qui sont les plus dédaigneux à l'endroit des choux.

Anémones et Renoncules. Par habitude ou par assortiment le jardin Foulard avait chaque année sa petite planche d'anémones et de renoncules, mais rien de remarquable, si ce n'est le brillant coloris de ces fleurs dont l'œil ne se lassera jamais.

Dianthus Caryophyllus. Autrefois M. Foulard avait cultivé l'œillet des fleuristes avec un grand succès. Dans ces dernières années il n'avait conservé que les variétés les plus méritantes. Dans les mignardises (*Dianthus moschatus*) il avait obtenu un gain magnifique connu encore des amateurs sous le nom de **Mignardise Foulard.**

Tigridia. Les Tigridies étaient du nombre des plantes les plus estimées dans la culture de M. Foulard, aussi chaque année cette Iridée pouvait étaler ses brillantes corolles sur une vaste planche du jardin, et certes, elle méritait bien cette distinction. Les semences produites par la fécondation artificielle dirigée par une main habile, et quelquefois opérée par le mélange du pollen que transporte le vent et même les insectes ailés, avaient fourni de nombreuses variétés. Les caractères différentiels consistaient dans la forme aiguë ou arrondie des divisions de la corolle, dans leur nombre qui variait de six à huit, dans la couleur comprenant plusieurs nuances de jaune, d'orange et de rouge, quelquefois même des panachures, dans le fond du calice dont le ton et les macules étaient également très-variables.

La culture du Tigridia est facile, néanmoins, elle demande quelques précautions pour conserver les bulbes qui sont frileuses et très-pourrissantes. Dans un terrain drainé et peu compacte on peut les laisser en place pourvu qu'elles soient plantées à une profondeur suffisante et qu'on leur donne une couverture les jours les plus froids de l'hiver. Si on les arrache, il faut attendre leur entière maturité, les nettoyer soigneusement et les placer dans un lieu sec et inaccessible à la gelée. Le Tigridia vient aisément de graine. En semant de bonne heure sous abri, repiquant aussitôt que possible et mettant en place à mesure que la plante est assez vigoureuse on obtient des fleurs dès la première année. Le Tigridia aime une terre légère, substantielle et profonde. Cultivé en planche il donne un massif d'une grande richesse de coloration. Chaque fleur dure peu de temps, mais elles se succèdent d'une manière à peu près indéfinie.

Hyacinthus orientalis. Très-belle planche de jacinthes, nombreuses variétés toutes nommées, comprenant les nouveautés et venant directement de Hollande. Cette culture fort soignée donnait toujours une floraison magnifique et de longue durée, les précoces venaient de bonne heure adoucir les impatiences de l'amateur, tandis que les tardives prolongeaient sa jouissance.

Collections.

Arbres et Arbustes.

Conifères. Collection remarquable par le nombre des espèces et par la beauté que quelques spécimens avaient acquise malgré l'espace resserré qu'ils occupaient. Je n'en citerai que quelques-uns pris parmi les plus méritants. *Abies Webbiana*, *Ab. Cilicica*, *Ab. Pindrow*, *Ab. Pinsapo*, hauteur, trois mètres et demi, *Abies Nordmamiana*, hauteur, trois mètres; — *Araucaria imbricata*, hauteur trois mètres et demi, *Ar. excelsa* deux mètres et demi, *Ar. Cunninghamii*, *Ar. Cookii*, *Ar. gracilis*; — *Larix Europœa-pendula*, hauteur six mètres, arbre très-remarquable par ses rameaux pleureurs ; — *Sequoia gigantea*, un des plus beaux exemplaires connus dans nos cultures, mesurant six mètres de hauteur et étalant une envergure de sept mètres et demi de circonférence ; — *Cupressus funebris*, hauteur trois mètres et demi.

Les autres genres étaient représentés par des espèces plus ou moins rares. Afin de ménager le terrain, M. Foulard avait soumis à la taille un assez grand nombre de ces arbres. En général cette mutilation est regrettable en ce qu'elle fait perdre au sujet qui y est soumis son port naturel, mais la santé n'en souffre pas. Je dirai même que, au point de vue de l'ornementation, il y a plusieurs espèces qui prennent une tournure plus gracieuse pourvu que cette opération soit faite avec goût et discrétion. Je citerai comme exemples le *Cupressus funebris*, plusieurs *Juniperus*, *Taxus* et *Thuia*.

La collection entière comprenait vingt-cinq genres représentés par quatre-vingt-onze espèces ou variétés.

Ilex. Le genre Houx était représenté par vingt-six espèces ou variétés. Les sujets les plus vigoureux étaient dirigés en pyramides, voici les plus remarquables : *Ilex Aquifolia-marginata* deux mètres et demi, *Il. atrovirens-luteo-variegata* un mètre et demi, *Il. Balearica-variegata* deux mètres et demi, *Il. calamistrata-variegata* deux mètres, *Il. ciliata* un mètre, *Il. Laurifolia-marginata* un mètre, *Il. dentata-aureo-variegata* un mètre et demi, *Il. hirsuta-variegata* deux mètres et demi, *Il. hirsuta-variegata-aurea* trois mètres, *Il. nigrescens* un mètre et demi, *Il. Maderiensis* deux mètres, *Il. Scotica* deux mètres et demi, *Il. serrata-major* un mètre et demi, *Il. Tarajo* trois mètres.

Magnolia. Ce beau groupe, cultivé pour le plus grand nombre en massif, comprenait vingt-six espèces ou variétés à feuilles caduques et vingt-deux à feuilles persistantes, en tout quarante-huit. Tous beaux arbres et méritant chacun une citation particulière, néanmoins, pour ne pas abuser de la patience du lecteur, je n'en mentionnerai qu'un seul, celui qui avait les faveurs du maître. C'était le *Magnolia macrophylla*, bel exemplaire de quatres mètres et demi d'élévation, aussi remarquable par ses fleurs que par ses larges feuilles.

Buxus. Les Buis dirigés en pyramides comme les Houx formaient une collection composée de onze espèces ou variétés dont plusieurs étaient remarquables par leur développement.

Cydonia Japonica. La collection de cet arbuste si remarquable par l'abondance et l'éclat de ses fleurs ne comprenait pas moins de vingt variétés caractérisées par les fleurs simples, semi-doubles, pleines, blanches, roses et rouges de toutes les teintes. Le *Cydonia-Japonica-Mallardi*, variété méritante obtenue par un des amateurs de notre ville, dont il a pris le nom, était représenté par plusieurs exemplaires.

Syringa. Cette belle collection de Lilas comprenant plus de trente espèces ou variétés était à la veille de s'augmenter encore par un semis dont les graines avaient été récoltées sur les meilleures variétés. Déjà une vingtaine de sujets avaient donné fleur et promettaient des nouveautés remarquables, quelques-unes même avaient reçu leur nom. Il est probable que dans la vente le nom et la plante se seront égarés et que ces nouveaux gains n'entreront pas dans le domaine de l'horticulture.

A l'époque de la floraison, M. Foulard soumettait ses lilas à une opération qu'il nommait *la taille à l'érus-*

sée. Cette pratique consistait à empoigner la branche au-dessous des rameaux florifères, et, abaissant brusquement la main de haut en bas, à arracher ainsi toutes les jeunes pousses qui se rencontraient. Suivant l'intention de cet habile praticien, les bourgeons supérieurs, destinés à donner les fleurs de l'année suivante, s'appropriaient une nourriture plus abondante et développaient, quand la saison était venue, des panicules plus fournies et des fleurs plus parfaites.

Rosa. Dès son début en horticulture, M. Foulard s'occupa des roses. Non-seulement les variétés méritantes entrèrent successivement dans son jardin, mais encore il se mit résolûment au nombre des producteurs par des semis faits d'année en année et continués jusqu'à sa dernière heure. Je ne saurais dire tout ce que les amateurs de roses doivent à cette coopération active, je me bornerai à citer la *Perpétuelle Foulard*, variété des plus estimées et des plus méritantes.

Afin de ne pas allonger cet article outre mesure, je groupe les autres genres d'arbustes de collection sans autre détail que le chiffre indiquant le nombre des espèces ou variétés de chacun d'eux. *Berberis* et *Mahonia*, 24; — *Calycanthus*, 11; — *Cytisus*, 18; — *Hibiscus Syriacus*, 12; — *Philadelphus*, 8; — *Spiræa*, 16; — *Viburnum*; 13; — *Weigelia*, 12; — *Rhododendron*, 33, etc.

ARBRISSEAUX GRIMPANTS.

Comme nous avons déjà parlé des lierres, il ne nous reste comme plantes de collection appartenant à ce groupe que les Clématites et les Chèvrefeuilles. Ces végétaux étaient, la plupart, palissés autour des arbres à haute tige et maintenus par une taille sévère au-dessous des premières branches. Cette culture entrelacée ne contrariait pas trop leur végétation et ne les empêchait pas de produire des fleurs en abondance.

Clématis. Cette belle collection se composait de plus de quarante espèces ou variétés parmi lesquelles on remarquait les plus nouvelles et les plus méritantes. Vingt-cinq belles plantes de semis du *Clematis lanuginosa* n'avaient pas encore donné leur fleur; et sur ce nombre on pouvait espérer quelque variation intéressante. Une des espèces les plus répandues aujourd'hui, le *Clematis montana*, avait été livrée à son développement naturel et dirigée sur le toit d'une petite loge, où ses rameaux s'étaient multipliés et allongés dans toutes les directions. Cette jolie plante, littéralement couverte de ses fleurs blanches, formait, pendant tout l'été, une décoration magnifique.

Lonicera. La collection des Chèvrefeuilles contenait trente-trois espèces ou variétés dont une nouvelle et méritante née dans le jardin, d'un semis du *Lonicera pallida*.

Le lecteur s'apercevra que je passe sous silence plusieurs autres arbrisseaux grimpants dont les genres, représentés par une ou deux espèces, ne sont pas susceptibles de former collection.

PLANTES VIVACES ET ANNUELLES.

YUCCA. Les Yucca étaient tous indistinctement livrés à la pleine terre, qu'ils contribuaient à décorer pendant tout l'été. L'hiver, les espèces de serre étaient préservées du froid par un entourage de fumier recouvert d'une cloche. Dans les jours les plus rigoureux la cloche elle-même était couverte d'un abri; si le temps devenait plus doux on donnait de la lumière et même de l'air au milieu du jour. Avec ces soins de culture, les pertes étaient rares et les sujets vigoureux. La collection d'Yucca se montait à vingt espèces ou variétés, parmi lesquelles on distinguait les suivantes : *Yucca Aloefolia-Foliis-Variegatis*; — *Yuc. Aloefolia-Purpurea*; — *Yuc. filamentosa* vrai; — *Yuc. Flaccida-Woodsii*; — *Yuc. Stokesii-Foliis-Albo-Medio-Pictis*; — *Yuc. tricolor*.

PŒONIA. Dans le jardin dont j'ai entrepris d'ébaucher une esquisse, le carré aux pivoines était celui où se trouvaient, sans contredit, les plantes les plus ornementales. Aux soins de culture et à l'espace qui leur était réservé on reconnaissait tout d'abord les enfants gâtés du maître. Depuis longtemps déjà, M. Foulard semait tous les ans, et cette persistance lui avait procuré les nouveautés les plus magnifiques en perfection de forme tout aussi bien qu'en richesse de coloris. Dans la section à tiges herbacées dont le catalogue atteignait le chiffre de 97 variétés, toutes méritantes, je choisis seulement celles obtenues par notre zélé compatriote. On verra par cette liste que la plupart ne sont pas encore entrées dans le commerce de l'horticulture, et sont autant de raretés entre les mains des heureux acquéreurs.

1. Abd-el-Kader.
2. Alexandre-Dumas.
3. Athos.
4. Baronne-Roussin.
5. Le Baronnet.
6. Colonel Mangin.
7. Donoso-Cortès.
8. Duc de Bissaccia.
9. Duchesse de Theba.
10. L'Empereur.
11. Eugène Sue.
12. Fleur-des-Bois.
13. Général Forey.
14. Général Bosquet.
15. Général Paixhans.
16. Georges Sand.
17. Gloria Patriæ.
18. Hudson Lowe.
19. Jefferson Davis.
20. Joséphine.
21. Julia Grisi.
22. La Douceur.
23. Lincoln.
24. Lola-Montès.
25. Lord Clarendon.
26. Mme d'Albe.
27. Mme de Blancas.
28. Mme de Chantal.
29. Mme de Montijo.
30. Mme Thilman.
31. Maréchal Pélissier.
32. Mercédès.
33. Miss Veverley.
34. Monique.
35. M. d'Orbigny.
36. Nana Sahib.
37. Nativa.
38. Noëmi.
39. Nélaton.
40. Oberlin.
41. O'Donnel.
42. Oliva.
43. Phœdora.
44. Pierre l'Hermite.
45. Princesse Charlotte.
46. Rattazi.
47. Roi d'Italie.
48. Surpasse Potsii.

La collection des pivoines à tige ligneuse n'avait pas, comme la précédente, un intérêt local, rien de parfait n'y avait été ajouté par la chance des semis. Son mérite venait donc uniquement de la beauté des sujets qui la composaient, et ce mérite était grand. Soixante des variétés les plus magnifiques, représentées pour le plus grand nombre par de fortes plantes, décoraient le jardin.

Iris Germanica. Cette plante, dont la beauté pâlit un peu à côté des pivoines, possède néanmoins plusieurs qualités remarquables. Elle est rustique, d'une propagation facile, son port est élégant et ses fleurs, peintes des nuances les plus capricieuses, ont encore le mérite de répandre une odeur agréable. M. Foulard en avait réuni deux cents variétés.

Canna. Je mentionnerai encore une riche et nombreuse collection de ces belles plantes, plus ornementales encore par les feuilles que par la fleur.

Cucurbitacées. Les cucurbitacées comprenant les variétés de melons et de courges de table devraient, pour ce motif, être renvoyées dans le potager. En les plaçant ici, j'ai plus particulièrement en vue les genres à fruit d'ornement tels que gourdes, coloquintes, mormordica, etc., dont l'ensemble formait une collection de plus de trente espèces et composait la partie principale de ce genre de culture.

PLANTES BULBEUSES.

Lilium. Le genre lys, au nombre de soixante-cinq espèces ou variétés, se trouvait dans les massifs de terre de bruyère qui nourrissaient les espèces les plus estimées. Par la fécondation artificielle, M. Foulard avait obtenu plusieurs nouveautés méritantes. Une d'elles portait le nom de *Nadar*, les autres n'étaient pas encore nommées.

J'ai parlé antérieurement des Jacinthes, Tulipes, Scilles, Narcisses, Tigridia, Crocus, etc., j'ajouterai à ces plantes bulbeuses les *Ixia*, *Sparaxis*, *Anomateca* et plusieurs autres espèces de serre tempérée que M. Foulard livrait à la pleine terre, sur une plate-bande adossée à un mur qui la garantissait du nord. Voici quelques détails sur cette culture intéressante : l'hiver on plantait dans la plate-bande quelques piquets de quinze à vingt centimètres de hauteur, destinés à soutenir des paillassons montés sur châssis de bois. Tous les soirs on posait ces châssis. Si la gelée survenait on garnissait de feuilles le pourtour de la culture, et quand le froid devenait plus intense on étendait cette couverture jusque sur le châssis lui-même. Ce moyen simple et peu dispendieux donnait des plantes vigoureuses qui, la saison étant venue, se chargeaient de leurs plus belles fleurs, sans avoir occupé le moindre espace dans la serre.

Hivernage.

L'hivernage était une des pratiques horticoles par lesquelles la culture de M. Foulard se distinguait particulièrement. Il n'était pas rare de voir dans son jardin, en pleine terre, de jolis arbustes de serre tempérée et même de serre chaude. Au commencement d'octobre, la plante était entourée d'un cercle de piquets autour desquels on palissait les rameaux. Un peu plus tard l'intervalle était rempli de bourre de trèfle ou de chenevottes ; à la circonférence on disposait un petit tas de fumier sur lequel reposait une cloche destinée à donner, aux organes foliacés, de la lumière et même quelquefois de l'air. La cloche elle-même recevait un abri quand le froid devenait plus intense. Le *Chamærops humilis* vivait ainsi depuis longtemps et fleurissait chaque année, l'*Acacia cultriformis*, déroulé au printemps, se couvrait de fleurs magnifiques. Les charmants *Indigofera* et plusieurs autres plantes étaient préservées de la même manière de la rigueur de nos hivers. Les *Fuchsia* étaient rabattus jusqu'à terre et recouverts d'un petit cône de bourre de trèfle ou de chenevotte, ce qui suffisait pour ces végétaux moins sensibles à nos hivers. Les arbres qui ne pouvaient se prêter à une taille aussi sévère, ou dont la tige n'était pas assez flexible pour permettre un palissage tel que celui dont j'ai parlé, étaient littéralement empaillés après avoir reçu au pied une épaisse couverture de bourre de trèfle et de chenevottes. Il y avait bien quelquefois des pertes à enregistrer, mais on s'en consolait en jouissant du succès obtenu par les survivants.

Le potager et le verger.

Disons un mot seulement des légumes et des fruits. Dans le jardin Foulard, point de potager proprement dit, mais çà et là des planches de légumes pour les besoins du ménage et un peu aussi pour la satisfaction du collecteur. Les *Petits-Pois* comprenaient un nombre considérable de variétés : Pois nains, Pois à rame, Pois précoces, Pois de demi-saison, Pois tardifs, Pois lisses, Pois ridés. — Les variétés de *Haricots* étaient un peu moins nombreuses. — Les *Choux pommés*, les *Choux de Milan*, les *Choux-fleurs*, étaient représentés par les espèces les plus délicates ou les plus curieuses. Il en était de même des *Salades*, des *Carottes*, des *Oignons*, des *Navets*, des *Céléris*, etc. Mais la collection la plus importante du potager était celle des *Fraisiers* tenue au courant des variétés les plus nouvelles et les plus intéressantes.

Dans le verger, dont les arbres étaient dispersés de la même manière que les planches du potager, on comptait soixante-huit espèces de Raisins, autant de Poires en proportion. Enfin une belle collection de Pêchers, de Pruniers, de Cerisiers, de Pommiers en cordon greffés sur Paradis, de Groseillers épineux, de Groseillers à grappes, taillés en pyramides.

Conclusion.

Ici se termine la tâche que je m'étais imposée. Dans quelques années, le jardin Foulard sera effacé de la mémoire des hommes, qui est courte. J'ai voulu conserver, dans un recueil[1] consacré à l'horticulture, le souvenir d'une collection riche en beautés de tout genre et rassemblée, par un travail continué sans interruption pendant un grand nombre d'années; j'ai voulu encore que le nom d'un horticulteur aussi distingué ne fût pas oublié. La bienveillance et la générosité de M. Foulard à mon égard m'avait rendu son obligé, j'ai voulu acquitter ma dette par le seul moyen qui me reste auprès des hommes, celui de rendre témoignage des efforts qu'il n'a cessé de faire pour diriger vers le progrès l'horticulture de notre pays. C'est avec intention que je dis auprès des hommes, car auprès de Dieu, j'ai la confiance que la belle âme de M. Foulard a rencontré un juge plein de clémence; la vie tout entière de notre collègue fut pieuse, et s'il aima les fleurs jusqu'à la passion, il ne cessa jamais de rendre hommage à celui qui a créé pour nous tant et de si séduisantes merveilles.

Le Mans, ce 28 octobre 1864.

[1] Voir l'*Almanach* ou *Annuaire de l'Horticulteur Nantais*, pour l'année 1865.

Nantes, imp. Vincent Forest et Émile Grimaud, pl. du Commerce.

www.ingramcontent.com/pod-product-compliance
Ingram Content Group UK Ltd.
Pitfield, Milton Keynes, MK11 3LW, UK
UKHW022201190726
13855UKWH00004B/1570

9 782013 047371